探索未知 改变世界

科学大爆炸

鸟中王者

猛禽

探索未知 改变世界

科学大爆炸

鸟中王者
猛禽

[美]乔·弗勒德 文图

周玉清 译

贵州出版集团 贵州人民出版社

本书插图系原文插图

版权合同登记号 图字：22-2022-041

审图号 GS京（2023）0280号

图书在版编目（ＣＩＰ）数据

鸟中王者：猛禽 /（美）乔·弗勒德文图；周玉清
译. -- 贵阳：贵州人民出版社，2023.5（2024.4 重印）
（科学大爆炸）
ISBN 978-7-221-17659-2

Ⅰ. ①鸟… Ⅱ. ①乔… ②周… Ⅲ. ①食肉目—野禽
—少儿读物 Ⅳ. ①Q959.7-49

中国国家版本馆CIP数据核字(2023)第078686号

KEXUE DA BAOZHA
NIAO ZHONG WANGZHE：MENGQIN
科学大爆炸
鸟中王者：猛禽
[美]乔·弗勒德　文图　周玉清　译

出 版 人　朱文迅　策　　划　蒲公英童书馆
责任编辑　颜小鹏　执行编辑　陈 晨　装帧设计　王学元　曾 念　责任印制　郑海鸥

出版发行　贵州出版集团　贵州人民出版社
地　　址　贵阳市观山湖区中天会展城会展东路SOHO公寓A座（010-85805785　编辑部）
印　　刷　北京博海升彩色印刷有限公司（010-60594509）
版　　次　2023年5月第1版
印　　次　2024年4月第2次印刷
开　　本　700毫米×980毫米 1/16
印　　张　8
字　　数　50千字
书　　号　ISBN 978-7-221-17659-2
定　　价　39.80元

如发现图书印装质量问题，请与印刷厂联系调换；版权所有，翻版必究；未经许可，不得转载。
质量监督电话　010-85805785-8015

前　言

　　八年级时，在缅因州的实地考察中，我第一次见到了白头海雕。我有当时的纪录：一张模糊的黑白照片上，有个没有对好焦的小点。你根本看不出那是一只鸟，更别说看清它是一只鹰了！但是，在1977年能看到一只白头海雕是件令人非常兴奋的事情！因为它们才开始逐渐走出滴滴涕（DDT）的危机，数量慢慢增加。DDT是一种全世界都在使用的杀虫剂，它会导致鸟类中毒。DDT还使得鸟类的蛋壳变薄，这样的蛋在孵化的时候，会因为没法承受亲鸟的重量而破裂，造成鸟类数量急剧减少。1972年，DDT被禁用，这预示着猛禽们的回归。作为被一只猛禽震撼到的14岁少年，我从未想过会投身于研究这些君王般的鸟类。

　　猛禽栖息在南极洲以外的各个洲，而我的研究足迹从北极苔原到热带海滨，遍及大半个地球。因为需要适应的生存环境各不相同，猛禽们的大小和外形也变得多种多样。在本书中，你将会了解猛禽的解剖学知识，明白锋利的爪、强大的喙和敏锐的视觉是如何让它们成为令其他动物闻风丧胆的捕食者的。我见过隼在飞行中捕食鸭子，也曾在鹰的巢穴中发现幼鹿的尸骨，还目睹过鹗（è）潜入水中抓鱼。为了捕猎，有些猛禽张开宽大的双翅翱翔天空，其翼展超过成年人的身高；有些猛禽则奋力扇动又窄又尖的翅膀，其翅膀的长度不及一只鞋子。

　　得益于这样的翅膀，猛禽才能完成每年春秋两季千里迢迢的迁徙，往返于地球的南半球和北半球。每年秋季，我在格陵兰岛研究的游隼会沿着加拿大和美国的东海岸往南飞。抵达墨西哥湾的时候，它们要么中途飞越加勒比海，在古巴这样的岛国过冬，要么继续前行，一路来到阿根廷。几周的时间它们就可以完成这一万多千米的旅程。几个月之后，它们会沿原路返回北方，在俯瞰苔原的峭壁上繁衍下一代。

　　你是不是想问我们是怎么知道游隼的迁徙路线的？我们背着包，用数周的时间穿越荒芜的苔原，去寻找它们筑巢的峭壁。然后，我们通过绳索接近鸟巢。悬挂在离地面几百米的地方或者峡湾的上空，当尖叫的亲鸟以闪电般的速度俯冲过来，保护它们的幼鸟的时候，窒息的感觉陡然而生！一旦安全到达鸟巢所在的平台，我们会在小游隼的每条腿上绑一条小铝带。每条铝带都携带唯一的编码，就像你的社会保障号码一样。如果标记过的游隼在迁徙过程中被看到或者被发现已死亡，那么凭借储存在国家数据库中的绑带编码及其他信息，就可以追溯其来源。

　　在每年千里迢迢的旅途中，迁徙的猛禽会面临无数的挑战，你可能会好奇它们究竟能活多长时间。猛禽的寿命长短不一，平均来说，隼只能活几年，而鹫可以活十几年甚至几十年。研究人员把做了标记的猛禽的出生日期和年龄记录下来，如果一只有标记的猛禽几年后被找到，它的寿命也就可以知晓了。这也是为什么我知道之前在蒙大拿州遇到的两只有标记的鹗已经15岁和18岁高龄了，而鹗的平均寿命只有它们两个寿命的一半左右。这两只鸟真正让人难以置信的是：它们是姐弟！能如此高寿，姐弟俩真是不同凡响！

　　第一次见到白头海雕的经历是很珍贵的，但是现在我几乎每天都能看见它们或乘着气流翱翔，或栖息在海滨的树上！不管你身处何地，城市也好，乡村也好，你都能看到猛禽为了生活而忙碌——捕猎、筑巢和迁徙。我在北极研究的游隼，它们的巢离最近的村庄有几千米远。但是你知道吗，游隼也会在大城市的摩天大楼上筑巢。想想也有道理，摩天大楼和北极的峭壁一样，附近有丰富的食物——看看几百只鸽子盘旋在每个城市公园上空就知道了。不管是在美国西南部的沙漠腹地，还是亚利桑那州的图森市那样的城市里，栗翅鹰都可以筑巢，它们的适应能力很强。鹗和白头海雕沿着横跨北美洲的航道安家和捕猎，所以和人类经常发生交集。此类例子数不胜数……用心观察，你会发现它们蓬勃的生命力。

　　继续阅读并学习猛禽的相关知识，然后拿起一副望远镜走出去！你可能会发现你的第一只猛禽，幸运的话，你还可以用智能手机抓拍到一张高质量的照片！谁知道呢，也许，带你环游世界，让你的生活跌宕起伏的猛禽研究生涯就在未来等着你！

——马尔科·莱斯塔尼

圣克劳德州立大学野生动物生态学荣誉教授

美国某古代文艺复兴集市

哇！
你看到那边
了吗？

我们要
不要过去瞧
一瞧？

这里好
多人。

有人的地方一
定有食物。

鸟类是地球上最成功的陆栖脊椎动物之一。

这个家族的成员种类繁多,现存的物种接近10 000种,几乎各个大陆都有它们的身影。

雕,常被称为"鸟类之王",属于猛禽(raptor)。

猛禽是中型至大型的食肉鸟类，它们有钩状的喙和大而锋利的爪，完全或者主要通过猎杀其他动物来获取肉，或以动物尸体上的腐肉为食。

"raptor"在拉丁语中指"盗贼"。

它来自拉丁词根"rapere"，有"抢夺或者霸占"的意思。

到手！

受一个非常流行的系列电影的影响，"raptor"这个词开始和某些种类的恐龙联系起来了。

电影制片人对他们的迅猛龙[1]形象做了很多自由发挥。

①也叫伶盗龙，拉丁名为velociraptor。

大约5000万年前,地球上就已经有猛禽了。

到上一个冰河时期时,一些猛禽已经进化成当时世界上从未有过的最大的飞行鸟类。

猛禽们成双成对,通力合作,一起守卫它们的领域,筑造或者翻新它们的巢……

努力喂养和培育它们的后代。

作为威严和力量的象征，阿奎拉（拉丁语中"鹰"的意思）常出现在罗马军团中。

鹰的形象还出现在众多现代国家的印章和旗帜上。

墨西哥

阿尔巴尼亚

埃及

哈萨克斯坦

白头海雕是美国的国鸟。

有些国家的文化充满了鹰、雕和鹫的形象。

它们出现在卡通片中，被当成运动队的吉祥物，也是无数产品的标识。

人类文明的急速扩张给不可计数的生灵带来了巨大的损失。

为了生存下去，这些曾经无比高贵的鸟类急需广阔开放的空间，远离人类的干扰。

对这些鸟类了解得越多，我们就越能更好地了解我们共同生活的环境。

渡鸦

红背伯劳

普通鸬鹚

非洲的鲸头鹳会吃鱼、蛇、蜥蜴,甚至小鳄鱼。

澳大利亚的笑翠鸟会在岩石上摔打猎物。

企鹅在充满海洋生物的寒冷水域捕食。

以上这些食肉鸟类中,只有金雕被列为"猛禽"。

这只大蓝鹭或许能算作它的"午餐"。

天哪！它们都变成了标本。

我感觉有点紧张。

除了吃肉，猛禽们还有以下特征：

锋利如钩的喙、弯曲有力的爪、强劲的翅膀，以及敏锐的眼睛。

这只卡罗莱纳长尾鹦鹉有弯曲的喙和有力的爪。

这只银鸥是吃肉的，有着修长而强劲的翅膀。

但是鹦鹉也会吃水果和坚果……

银鸥的脚是蹼足，而非利爪。

这些特征使得这两种鸟无法成为猛禽。

它们具备猛禽的某些特征，但缺乏其他特征。

猛禽会用粗壮有力的脚抓起猎物。

然后用利爪将猎物杀死。

如果猎物很小，猛禽会依靠强而有力的翅膀把它带走。

可怜的小家伙，提醒过你了。

大多数猛禽是以这种方式捕猎的，当然也有例外。

猛禽的身体结构天生就适合这样捕猎。

枕（颈背）

顶冠

颈羽

肩羽

喙

覆羽

喉

次级飞羽

初级飞羽

胸

腹

爪

尾下覆羽

尾羽

身体的各个部位共同协作，使猛禽成为完美的猎手。

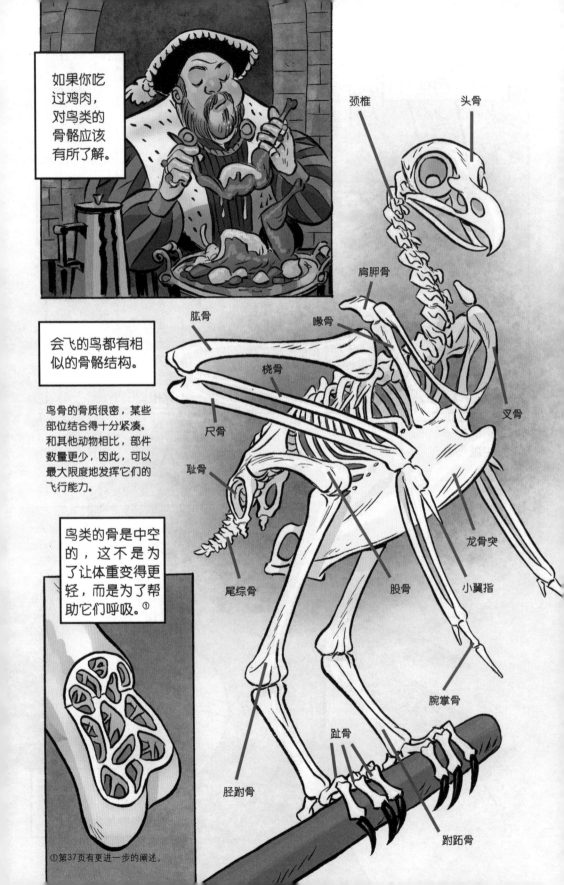

如果你吃过鸡肉，对鸟类的骨骼应该有所了解。

会飞的鸟都有相似的骨骼结构。

鸟骨的骨质很密，某些部位结合得十分紧凑。和其他动物相比，部件数量更少，因此，可以最大限度地发挥它们的飞行能力。

鸟类的骨是中空的，这不是为了让体重变得更轻，而是为了帮助它们呼吸。①

颈椎

头骨

肩胛骨

肱骨

喙骨

桡骨

尺骨

叉骨

耻骨

龙骨突

小翼指

尾综骨

股骨

腕掌骨

胫跗骨

趾骨

跗跖骨

①第37页有更进一步的阐述。

猛禽的骨骼和肌肉协调配合，使它们能够飞行。

胸肌可占猛禽体重的25%，它们牢牢地附着在一块宽阔扁平的骨上，这块骨叫作龙骨突。

有些猛禽身上的龙骨突非常薄，接近透明。

猛禽腿和脚上的骨必须是全身最强壮的，这样才能承受攻击猎物时产生的冲击力。

和身体的其他部位一样，猛禽的头部构造也很优越。

眼睛正上方的骨脊，称为眉突。

上喙基部裸露的皮肤称为蜡膜，它包裹着鼻孔。

鼻孔

蜡膜

眉突

上喙

耳羽

下喙

脸颊上的一片片羽毛称为耳羽，能将声音传送到头骨两侧的耳朵里。

角蛋白

骨

猛禽的喙由骨构成，上面覆盖着一层比较硬的蛋白质物质，叫作角蛋白。

咔嚓！

它和人体指甲的成分是一样的。

猛禽喙上的角蛋白一生都在不断生长，即使自然脱落或磨损，也能再生。

大多数猛禽会在坚硬的树枝或者岩石上磨砺它们的喙，防止角蛋白过度生长。

用脚制服猎物后，猛禽锋利的喙非常有利于撕食猎物。

鹰会把羽毛和不好吃的部分从猎物的身上拔出来。

喂给幼鸟前也需要把肉撕成小块。

隼的上喙有一个很特别的突起。

一些学者认为这个突起像"牙齿"一样,可以用来切断小型鸟类的脊椎。

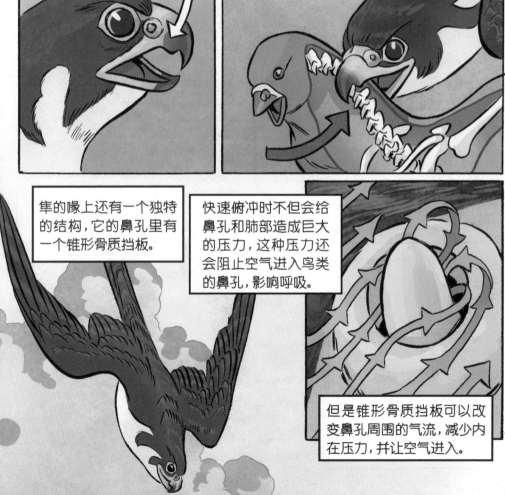

隼的喙上还有一个独特的结构,它的鼻孔里有一个锥形骨质挡板。

快速俯冲时不但会给鼻孔和肺部造成巨大的压力,这种压力还会阻止空气进入鸟类的鼻孔,影响呼吸。

但是锥形骨质挡板可以改变鼻孔周围的气流,减少内在压力,并让空气进入。

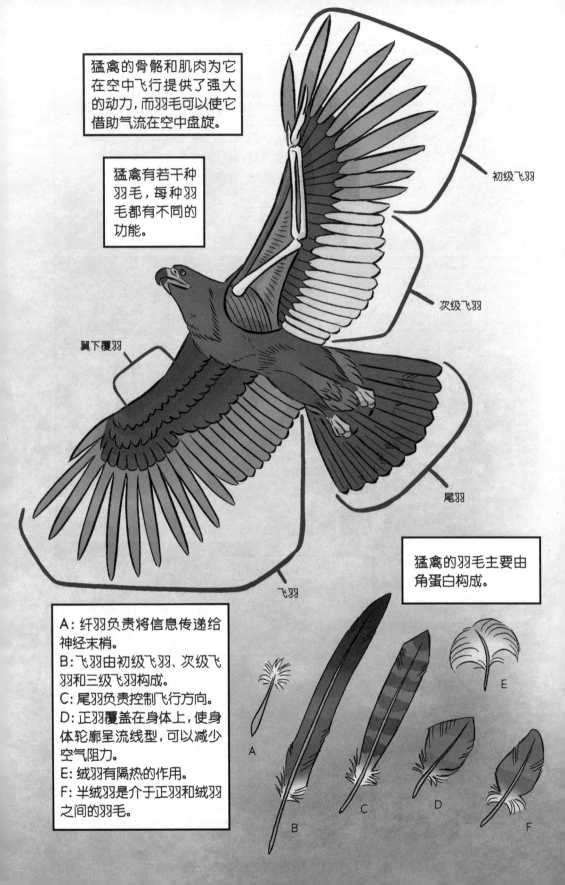

猛禽的骨骼和肌肉为它在空中飞行提供了强大的动力,而羽毛可以使它借助气流在空中盘旋。

猛禽有若干种羽毛,每种羽毛都有不同的功能。

初级飞羽

次级飞羽

翼下覆羽

尾羽

飞羽

猛禽的羽毛主要由角蛋白构成。

A: 纤羽负责将信息传递给神经末梢。
B: 飞羽由初级飞羽、次级飞羽和三级飞羽构成。
C: 尾羽负责控制飞行方向。
D: 正羽覆盖在身体上,使身体轮廓呈流线型,可以减少空气阻力。
E: 绒羽有隔热的作用。
F: 半绒羽是介于正羽和绒羽之间的羽毛。

A

B

C

D

E

F

羽片

羽轴

在放大镜下可以看到，羽片由紧密连接的羽支组成。

羽毛由一根坚硬的中空轴（羽轴）和两边的羽片组成。

这种结构使得羽毛既轻盈又结实。

每根羽毛都"扎根"在毛囊当中。

猛禽通过梳理的方式来保养羽毛。

猛禽用喙将尾脂腺分泌的油脂擦拭在羽毛上，使分离的羽支变得顺滑并重新连接起来。

这样还能去除身上的污垢和寄生的虱蝇。

哦，我等会儿再来吧。

梳理羽毛和偶尔的清洗可以使猛禽的羽毛保持最佳的飞行状态。

猛禽通过上下拍打双翅产生的动力从地面腾空而起。

飞到空中之后，猛禽会展开双翅保持飞行姿势，无须再不断地拍打翅膀。

飞行需要通过升力来实现。

猛禽的翅膀呈弧形，使得翅膀上方的空气流动较快，而翅膀下方的空气流动较慢。

这叫作伯努利定律，飞机机翼的设计中也应用了它。

空气流动较快的区域，压力较小。

猛禽的翅膀的这种构造，还符合牛顿第三定律。

空气往下流动产生压力的同时，会给翅膀施加一个大小相等的向上的力。

空气流动较慢的区域，压力较大，所以能向上托起翅膀。

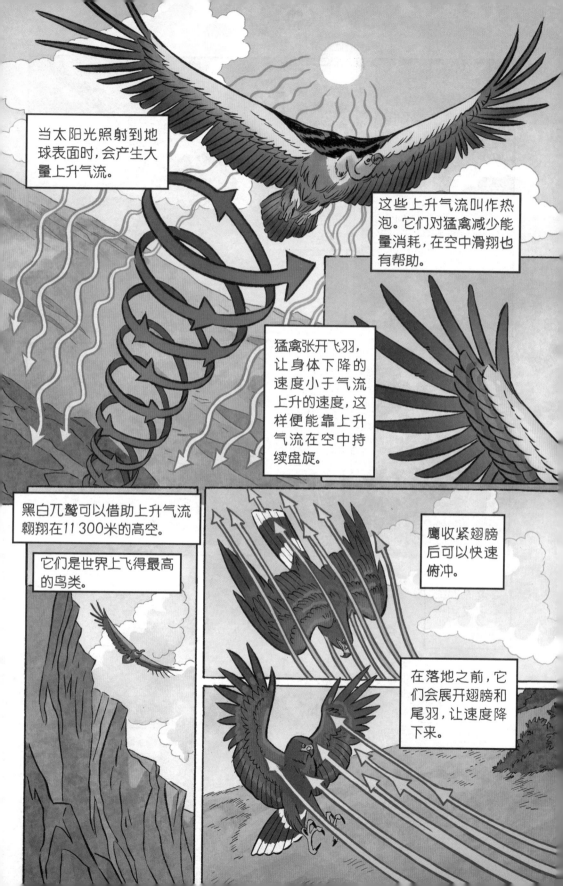

当太阳光照射到地球表面时,会产生大量上升气流。

这些上升气流叫作热泡。它们对猛禽减少能量消耗,在空中滑翔也有帮助。

猛禽张开飞羽,让身体下降的速度小于气流上升的速度,这样便能靠上升气流在空中持续盘旋。

黑白兀鹫可以借助上升气流翱翔在11 300米的高空。

它们是世界上飞得最高的鸟类。

鹰收紧翅膀后可以快速俯冲。

在落地之前,它们会展开翅膀和尾羽,让速度降下来。

和其他鸟类一样，猛禽也会经历换羽的过程。

新的羽毛会代替旧的、破损的羽毛。

新羽

旧羽

旧的羽毛会从身体两侧均匀地脱落，因此，猛禽在飞行时仍可以保持平衡。

猛禽的羽毛不仅仅用于飞行。

猛禽展开翅膀和尾羽，像斗篷一样遮挡住地上的猎物，以免被其他掠食动物发现。

猛禽有双眼视觉。

这意味着每只眼睛都可以单独将视觉信号传到大脑。

大脑会将双眼的视觉信号合并成完整的立体视觉,这对猛禽准确判断猎物的距离至关重要。

除了上眼睑和下眼睑,猛禽还有第三个眼睑,称为瞬膜。

眉突可以防止太阳光直射猛禽的眼睛,也能避免它们飞过茂密的灌木丛时被树枝划伤。

瞬膜不是上下打开的,而是左右打开的,它可以使眼睛保持湿润。

猛禽袭击猎物之前瞬膜会闭合,免得被猎物弄伤眼睛。

它们给幼鸟喂食的时候也会闭上瞬膜,以防被饥不择食的幼鸟误伤。

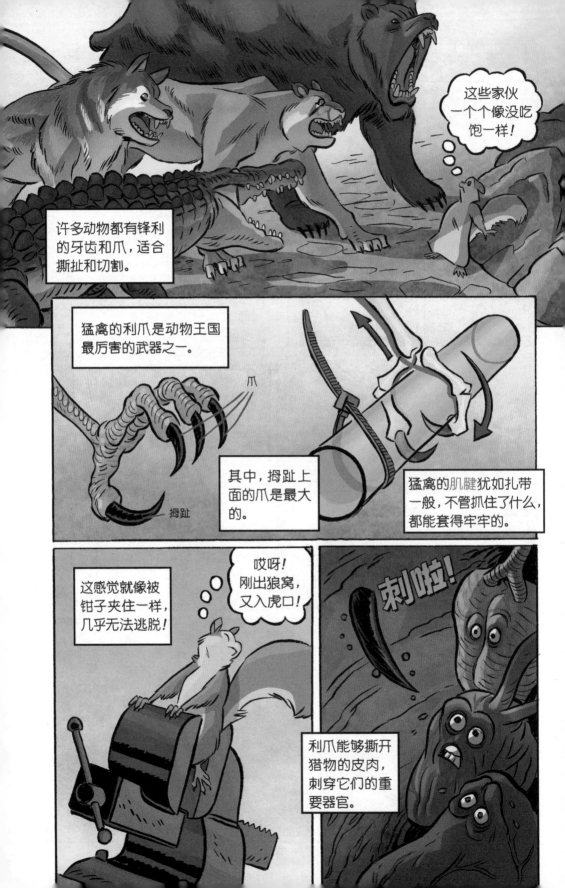

这些家伙一个个像没吃饱一样！

许多动物都有锋利的牙齿和爪，适合撕扯和切割。

猛禽的利爪是动物王国最厉害的武器之一。

爪

其中，拇趾上面的爪是最大的。

拇趾

猛禽的肌腱犹如扎带一般，不管抓住了什么，都能套得牢牢的。

这感觉就像被钳子夹住一样，几乎无法逃脱！

哎呀！刚出狼窝，又入虎口！

刺啦！

利爪能够撕开猎物的皮肉，刺穿它们的重要器官。

猛禽脚和爪的特征和它们的猎物类型有关。

鹗的脚趾上有突起，这样更容易抓牢滑溜的鱼。

金雕的脚强劲有力，爪很长，非常适合抓捕小型哺乳动物。

隼细长的脚趾在抓捕飞行中的鸣禽时特别好用。

鹫主要吃腐食，因此它的脚趾在抓取食物方面用处不大。

猛禽既可以生活在冰天雪地的北极，也可以生活在干旱荒芜的沙漠……

因为它们的体温相对恒定。

恒温动物可以调节自身的体温。

在温度变化的环境中，它们可以维持体温的相对恒定。

但是变温动物的体温会随环境温度的变化而变化，比如蜥蜴。

这就限制了它们的活跃程度和活动范围。

猛禽是很活跃的动物，需要有一颗很大的心脏。

鸟类的心脏通常比体形相近的哺乳动物大，猛禽尤其如此，因为它们异常活跃。

它们还拥有非常高效的呼吸系统。

除了肺，猛禽还有5组气囊。

一些较大的骨头的空腔中也有气囊。

肺

腹气囊

颈气囊

锁间气囊

前胸气囊

后胸气囊

骨

气囊

在剧烈的飞行活动中，气囊可以像风箱一样，不断将氧气送到肺部，同时也为鸟的身体降温。

这让猛禽飞得更高、更快、更久。

为了赶上下一餐，它们不得不这样。

猛禽的身体就像熔炉一样，需要持续的燃料供应。

猎物就是它们的燃料。

从猎杀到进食，然后再猎杀、进食，这是一个不间断的循环。

小型猛禽，比如纹腹鹰，每天消耗的食物相当于体重的25%。

但是一只9千克左右的虎头海雕每天的食物只相当于体重的5%。

猛禽捕食量的多少取决于多个因素。

寒冷的天气、筑巢、繁殖或者喂养幼鸟都会导致食物需求增加。

在冬天的几个月内，太平洋沿岸的雌性灰背隼可以吃掉：

112只美洲小滨鹬（yù）

7只稀树草鹀（wú）

4只红翅黑鹂

108只黑腹滨鹬

9只黄腹鹟（wēng）莺

7只水鹨（liù）

26只西滨鹬

18只三趾滨鹬

4只红颈瓣蹼鹬

和其他鸟类一样，猛禽的喉部也有一个嗉囊，用来暂时储存食物。

装满食物后，嗉囊可以撑大，所以在地面上时，猛禽可以赶在其他掠食动物闻到味道前快速进食。

食管

嗉囊

胃

猛禽的胃不但研磨能力很强，里面还有强烈的胃酸，所以它们不仅能够消化肉类，还可以消化其他难以消化的部分。

羽毛

皮毛

爪和骨

没事千万不要吓唬红头美洲鹫。

面临潜在威胁时，它们会吐出恶臭的、充满细菌的胃酸。

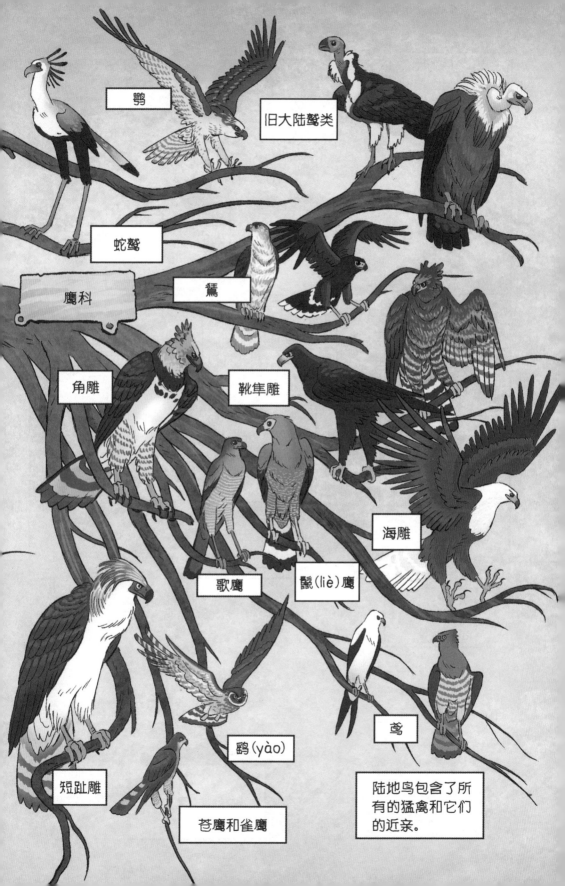

鹗

旧大陆鹫类

蛇鹫

鹰科

鹤

角雕

靴隼雕

歌鹰

鬣(liè)鹰

海雕

短趾雕

鹞(yào)

苍鹰和雀鹰

鸢

陆地鸟包含了所有的猛禽和它们的近亲。

通过DNA对比，我们得知鹦鹉和鸣禽是隼最紧密的近亲。

相比来自非洲和亚洲的鹫，红头美洲鹫和鹳的亲缘关系更近。

新大陆鹫类

北美洲

由于DNA检测没有定论，因此还无法确定新大陆鹫类和其他猛禽之间的关系。

旧大陆鹫类

亚洲

尽管生活在不同的大陆，不同种类的鸟类却进化出了相似的特征。

非洲

南美洲

我们称之为趋同进化。

大陆示意图

所有的现代鸟类都有一个共同的祖先。

猛禽的进化从2亿年前的侏罗纪时期就开始了。

在那时，三趾食肉恐龙，即兽脚亚目恐龙的种类开始变得多样化。

现代鸟类便是兽脚亚目恐龙唯一存活的后代。

侏罗纪时期的始祖鸟有翅膀、羽毛、带爪的脚趾、牙齿和长长的尾巴。

但它到底是恐龙还是鸟呢?

古生物学家们为此争论了几十年。

随着恐爪龙的发现,鸟类是从兽脚亚目恐龙进化而来的观点变得越来越清晰。

它双腿的站姿、长而灵活的脖子以及腕骨都和鸟类非常相似。

它很可能全身覆盖着羽毛。

伶盗龙骨头

始祖鸟骨头

现代鸟类骨头

对几十年前发现的伶盗龙的重新研究进一步证实了鸟类和恐龙之间的紧密关系。

到了白垩纪时期，进化出了几类鸟：孔子鸟、会鸟、原羽鸟和真鸟。

真鸟的名字源于希腊语，意思是"真实之鸟"，包含了扇尾亚纲，如有牙齿的鱼鸟和黄昏鸟（已灭绝）。

今鸟类也来自这个群体，但它们的化石非常罕见，比如已经灭绝了的维加鸟。

有一种错误观点认为鸟类是这样进化的（如图）：

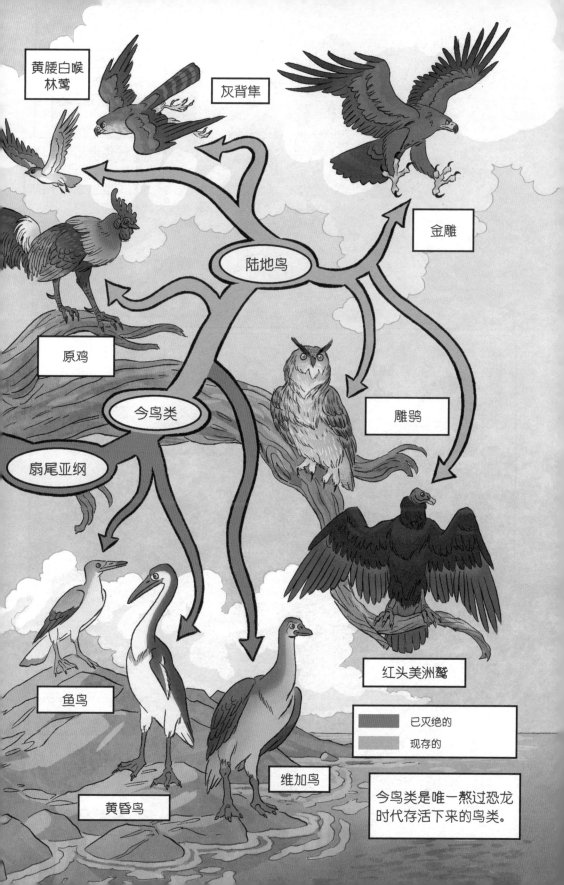

黄腰白喉林莺

灰背隼

金雕

陆地鸟

原鸡

今鸟类

扇尾亚纲

雕鸮

鱼鸟

红头美洲鹫

黄昏鸟

维加鸟

已灭绝的

现存的

今鸟类是唯一熬过恐龙时代存活下来的鸟类。

生物大灭绝事件结束了恐龙统治的时代，在那之后……

鸟类进化进入爆发期，填补了非鸟型恐龙留下的物种空档。

6000万年前的南美洲平原上，不会飞的恐鹤在猎杀动物。

与新大陆鹫类有密切关系的是体形巨大的畸鸟。

这些食腐鸟类以冰河时期的哺乳动物尸体为食。

哈斯特鹰生活在3400年前的新西兰岛上。

它几乎只以不会飞的巨型恐鸟为食，是岛屿上的顶级捕食者。

直到公元1280年，毛利人祖先的到来，才改变了局面。

除了猎杀恐鸟，恐鸟的蛋也很受毛利人的欢迎。

现存的昼行
性猛禽包含
5个科。

鹰科
· 14个亚科
· 68个属
· 261种
· 包含白头海雕、红尾
鵟、白兀鹫等。

美洲鹫科
· 5个属
· 7种
· 包含加州神鹫、黑美洲鹫等。

隼科
· 2个亚科
· 11个属
· 60种
· 包含北美凤头卡拉鹰、
矛隼、美洲隼等。

鹗科
· 1个属
· 1种
· 包含鹗。

蛇鹫科
· 1个属
· 1种
· 包含蛇鹫。

蛇鹫科只生活在非洲大陆。

美洲鹫科的成员只有在美洲才能看得到。

其他科的猛禽在南极洲以外的地方几乎都有分布。

猛禽分布示意图

在这本书里讨论每一种猛禽是不太现实的。

不如先来看看猛禽的一些不同类型的猎物吧。

这不会让人感觉无聊的，一点儿也不会！

蛇鹫俗名秘书鸟，据说是因为它们头部的饰羽像羽毛笔。

它和凤头卡拉鹰一样善于投机，但它偏好吃蛇。

生活在草原上，蛇鹫绝对是如鱼得水。

啪!

差点就没命了!

它是唯一一种使用踩踏法捕猎的猛禽。

新大陆鹫类和旧大陆鹫类都是食腐猛禽。

它们的体形都比较大。

在争夺腐肉的时候，体形大是一项优势。

大多数大型食肉动物都会吃腐肉，所以有时鹫不得不等其他食肉动物享用完再上前。

两种鹫都有强壮的脚和不算锋利的爪，因为它们大多数时间都待在地面上。

它们有坚硬、锋利的喙，可以咬穿某些动物厚厚的皮。

它们头顶光秃秃的，能更好地调节自身的体温。

在炎热的环境中，光头可以帮助它们更好地散热。

天气寒冷时，可以将头缩进胸部的羽毛中取暖。

有些鹫的头皮颜色十分鲜艳，比如王鹫。

大多数鹫依靠眼睛搜寻腐肉，但是红头美洲鹫还有一个非同一般的技能。

由于拥有大大的鼻孔和鼻腔，红头美洲鹫的嗅觉特别灵敏。

科学家们甚至开展实验来研究它们的嗅觉灵敏度。

说到重型鸟类……

重达15千克的康多兀鹫必定是现存的最重的飞行鸟类。

和大多数猛禽不同，棕榈鹫的主要食物是果实。棕榈充满油脂的坚果占了其食物总量的60%以上。

它们会用强劲而锋利的喙撬开坚硬的棕榈的果壳。

胡兀鹫会用石头来砸开鸵鸟蛋。

砰！

它们也会把骨头从高空摔到岩石上，摔碎后再吃里面的骨髓……

砰！

还用同样的方法来对付龟类。

古希腊诗人埃斯库罗斯就是因为一只胡兀鹫误把他的光头当成石头，扔下来一只龟，被砸中后去世的。

大多数猛禽在特定时期主要以腐肉为食。

北欧的白尾海雕依靠死去的动物来度过严酷的冬天。

一些猛禽会站在野火的边缘……

伺机捕捉那些从大火中逃出的小动物。

有时，猛禽会偷抢其他猛禽的猎物。

赤肩鵟有时会从水蛇那里偷鱼吃。

白头海雕经常抢鹗抓的鱼。

海雕们出现的地方，一定有大量的鱼。

地球的水域中几乎都有鱼。

海雕的脚趾底部有坚硬的突起。

这些小小的突起可以帮助它们抓住滑溜的鱼。

非洲海雕一旦发现一条鱼，它会掠过水面去抓住它。

但是鱼并不是它唯一的食物。

任何聚集在水边的动物都可能成为它的美餐，比如火烈鸟。

白头海雕同样精通捕鱼的技巧。

头部、颈部和尾部的白色羽毛是白头海雕的标志，这使它们成为北美洲最具辨识度的鸟类之一。

成年个体

幼年个体

在阿拉斯加州，每到鲑鱼洄游的时节，数以百计的白头海雕会聚集在一起捕鱼。

如果鲑鱼太重，白头海雕无法起飞，它会划向岸边。

即使食物充足，它们也会为了优质的捕鱼点而争斗。

鹗也捕食鱼类，它们属于另一个科，即鹗科。

一旦发现水面附近有鱼，鹗会将脚插入水中捕捉……

有时几乎没入水中。

鹗抓着鱼腾空而起，同时甩掉身上的水，以减轻重量。

鹗的脚趾底部也有防止鱼滑落的突起。

鹗的脚是半对趾型足，它们的第四趾既可以向前转，也可以向后转。

它们利用这种特殊的脚趾结构让鱼头朝前，以减少风的阻力。

鸟的种类多，分布广，成为猛禽们喜爱的猎物是很自然的事情。

灰背隼是一位猎鸟大师。

为了抓住一只鸟，灰背隼会迫使对方飞得越来越高。

一旦这只鸟精疲力竭，灰背隼就会猛扑过去。

专门猎捕小型鸟类的猛禽通常有着修长的腿和脚趾……

当然，这只是相对那些捕食大型鸟类和哺乳动物的猛禽而言，后者的腿更粗。

雀鹰会利用茂密的树林做掩护来伏击猎物。

它们灵活地在树枝间迂回、穿梭，在鸣禽停立的瞬间抓住它们。

嘤嘤！

纹腹鹰尤其喜欢在郊区的喂鸟器、鸟浴池等地方捕猎。

哗啦！

啊!

猛禽们捕食的鸟类体形大小不一。红尾鵟会对野生火鸡穷追不舍。

红尾鵟的重量很少超过1千克。

成年雄性火鸡通常重达5—11千克。

这相当于一名成年男性试图对付一头驼鹿。

对猛禽来说,任何飞行动物都是潜在的猎物。

美国得克萨斯州的红尾鵟会待在洞口一直等到黄昏。

当成千上万的蝙蝠一起飞出时,年幼的红尾鵟新手们会迷惑不已,不知如何下手。

但对于经验丰富的老手来说,它们的每一只脚都可以抓到蝙蝠。

对于这只9千克的雕来说，这片海也是它的家园。

哇！真是一只大鸟啊！

在面向鄂霍次克海的悬崖上，有数百只海鸟在这个比较安全的地方筑巢。

虎头海雕紧贴着悬崖俯冲而下，把受惊的鸟儿赶到空中。

它精准地追着猎物，体形只有它1/3的鸟很难逃脱。

在阵阵混乱的拍翅声中，虎头海雕瞄准一只鸟，当场抓住了它。

作为世界上最重的雕，能有这样的技能真是让人惊叹！

游隼的身体构造使它注定会成为其他鸟类的终极捕食者。

尖尖的翅膀、长长的尾羽，以及修长的脚趾，这些都使游隼成为致命的猎手。

游隼喜欢捕食水禽，比如野鸭。它翱翔于天空，四处寻找这些猎物。

游隼的正常飞行速度大约为每小时80千米。

一旦发现了猎物，游隼会以近乎垂直的姿势俯冲。

令人震惊的是，游隼俯冲时的速度可以达到每小时390千米。

此时此刻，它就是这个星球上速度最快的动物。

砰！

这只游隼瞄准猎物，以雷霆之势发出致命一击。

小型的猎物有时在空中就被吃掉了，大型的猎物要在地面吃，或者在喜欢的地方吃。

矛隼更加健壮、结实，它是体形最大的隼。

庞大的体形有利于矛隼在北极苔原的寒冷环境里维持体温。

矛隼的体重可达2.2千克，它可以对付的猎物比游隼的大。

北极兔

艾草松鸡

由于猎物大部分时间待在地面，这让矛隼形成了自己独特的捕猎技巧。

矛隼贴近地面飞行，利用地形来隐藏自己的行迹。

咚！

它们利用山脊或岩石作为掩护，伏击猎物。

草原隼喜欢在美国中西部平坦辽阔的草原上捕食。

方圆几千米看不到一棵树!

冬天,大草原为草原隼提供了角百灵大餐……

进入春季和夏季,又会有大量的地鼠在草原上繁殖。

难道你不觉得待在树上更安全吗?

草原隼飞得又低又快,像子弹一样,可以将猎物直接弹飞。

嘭!

楔尾雕是澳大利亚土生土长的强大猎手。

作为雕属的成员之一，楔尾雕的腿部也覆盖着羽毛，看起来像穿着靴子一样。

内陆地区的动物，几乎没什么是这种雕不吃的。

最惊心动魄的要数它们猎杀澳大利亚本土最大的动物赤大袋鼠。

楔尾雕们共同作战，直至赤大袋鼠精疲力竭而死。

亚马孙雨林的猴子比袋鼠小得多，但它们很难对付。

这些神出鬼没的猎物十分聪明、敏捷，善于用茂密的雨林隐藏自己。

一旦发现危险，它们就立马发出警报。

但是这只卷尾猴依然在劫难逃。

它被角雕抓住了。

角雕的爪比熊的更大，是现存猛禽中最大的。

角雕非常适合在丛林中进行高难度的捕猎。

这简直是一场无法醒来的噩梦！

嗯？

我们来纽约是为了认识一些特别的朋友。

佩尔·梅尔和奥克塔维亚是一对红尾鵟夫妻。

佩尔·梅尔是最早在这座城市里筑巢的红尾鵟之一。

佩尔·梅尔和8个不同的配偶孕育过雏鸟。

在过去的30年里，每年春天，佩尔·梅尔都会和它的配偶在纽约市的一栋公寓的平台上建巢。①

①红尾鵟的平均寿命大约是10年。

和大多数猛禽一样，佩尔·梅尔的体形比雌性红尾鵟大约小1/4。

这是一个两性异形的例子。两性异形指的是同一物种不同性别的个体在身体特征上有差异的现象。

一些雄性猛禽的羽毛颜色比雌性的更绚丽，比如美洲隼。

雄隼

雌隼

和大多数鸟类一样，猛禽伴侣的关系非常稳定。它们会全力守卫家园。

如果双方都熬过冬天并返回繁殖地，它们的关系将继续维持下去。

如果夫妻双方有一方死亡，剩下的一方会另结新欢。

繁殖期的猛禽需要大量食物来获取能量，这也是红尾鵟被吸引到纽约市的原因之一。

嘿！老兄，你在看什么呢？

无论是在高楼林立的城市，还是在广袤无边的大草原……

猛禽们都会不遗余力地获取猎物。

猛禽被认为是顶级捕食者……

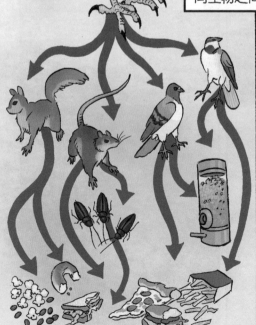

它们在自己生活的环境中位于食物网的顶端。

食物网是生态系统中各种生物之间的食物关系形成的网络，它形象地呈现了能量在不同生物之间的传递。

如果冬天气候温和，有些猛禽会整年停留在同一个栖息地。

但大多数猛禽不得不迁徙到气候更温暖的地方，那里有更好的条件来哺育幼鸟。

为什么我感觉这地方没有看起来那么好呢？

它们可能短途迁徙，也可能在不同大陆间迁徙。

斯氏鵟从加拿大飞往阿根廷，这段旅程为期三个月，路程超过10 000千米。

斯氏鵟迁徙示意图

迁徙的猛禽沿着山脉的山脊，乘着由于山坡的阻挡而产生的向上的气流飞行。

猛禽通常不太喜欢穿越大片水域，它们会改变迁徙路线以避开这些水域。

这导致在区域狭窄的半岛容易形成"拥堵"，比如美国新泽西州的五月岬。

新泽西州

特拉华湾

特拉华州

猛禽离开非洲往北迁徙，穿越西奈半岛，经过以色列的埃拉特港口时也会如此。

约旦

地中海

以色列

埃及

沙特阿拉伯

以上为猛禽迁徙路线示意图

墨西哥的韦拉克鲁斯有一道十分靓丽的风景：墨西哥湾和西部的山脉形成了一条狭窄的通道，那里汇集了无数向南迁徙的猛禽。

你可以在那里看到数百万的斯氏鵟、红尾鵟和巨翅鵟。

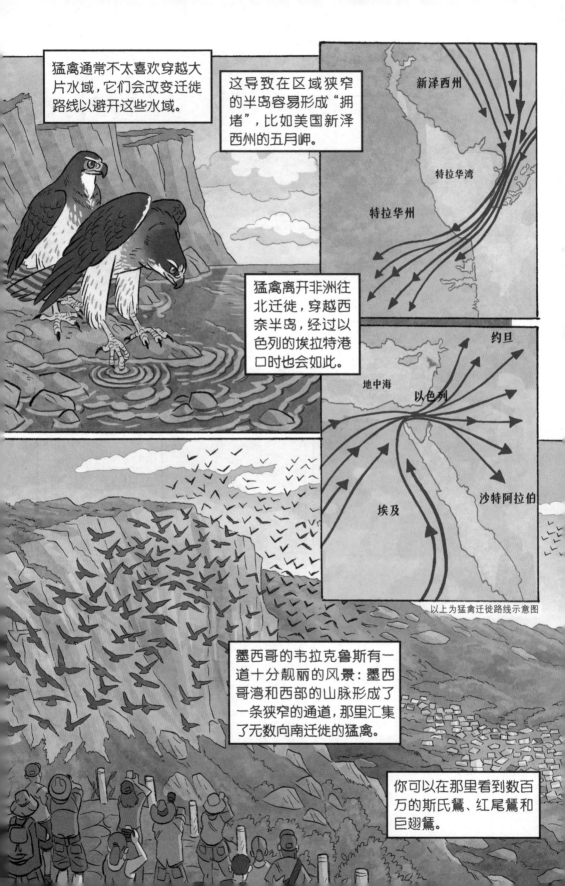

大多数猛禽都有极强的领域意识。

角雕会在森林的某一区域来回巡逻，认为那是它们的领域。角雕会守护自己的领域，在那里繁衍生息，直至生命终结。

领域是巢区的核心，其中有它们要坚决守护的巢。巢区的其他地方是进行捕猎等日常活动的地方。

巢

巢区

领域

不同猛禽的巢区有时会有重合，但巢是被严密守卫的。

猛禽的繁殖期通常是从雄性向未来的伴侣求爱的那一刻开始的。

求偶的第一步很可能是一份礼物，雄鸟会以优雅的姿势将其献给正在等待的雌鸟。

雄性猛禽会表演精彩的空中舞蹈来赢得雌鸟的好感。

北鹞会表演桶式翻滚舞。

雌性红尾鵟会加入进来，一起翱翔，还会把爪扣在一起下落。

白头海雕求偶时，会扣住对方的爪螺旋式向下飞。

一旦求偶成功，它们会一同寻找筑巢点。

如果找不到树或者悬崖，摩天大厦对游隼来说也是很好的选择。

在中亚大草原这样的地方，金雕有时也会在地面上筑巢。

大多数猛禽的巢由枯枝和嫩枝条建成，里面会铺上干草和其他柔软的植物材料。

收集建巢材料的时候，强健的脚能派上大用场。

咔嚓！

猛禽会长年累月地使用同一个巢穴点。

有时它们会迁移巢穴点,但一般会离原来的巢穴点很近。

猛禽通常需要1—3个月来筑巢,时间的长短和猛禽的体形大小有关。

白头海雕会给它们的巢添加材料,使巢一年比一年大。

根据记录,最大的白头海雕巢重约2.7吨。

猛禽一窝蛋的数量通常是2—4枚。

美洲隼产下的蛋多达6枚。

加州神鹫只产1枚蛋。

这些蛋的温度必须维持在37℃左右，里面的胚胎才能孵化。

这些蛋一天要翻转好几次，否则里面的胚胎会粘连在壳膜上，最终导致无法孵化。

大多数猛禽都会奋力保护自己巢里的蛋。

蛇、野猫和其他的猛禽等都会对蛋以及雏鸟造成威胁。

在产蛋和孵蛋期间，雄性猛禽承担了大部分的捕猎任务。

筑巢期的红尾鵟不会放过任何可以获得的猎物，这让一些纽约人十分担心他们娇生惯养的小宠物的生命安全。

雄性猛禽必须获得尽可能多的猎物来满足其配偶的营养需求。

与此同时，雌性猛禽承担了大部分的孵蛋工作。

雏鸟孵化后，雄性和雌性亲鸟将共同分担捕猎的任务。

北鹞在求偶期间以及筑巢的初期都会练习投接食物。

雌鹞会接住雄鹞从半空中抛过来的猎物。

雄鹞经常在同一时期和几只雌鹞交配。

对于大多数中等体形的猛禽来说，幼鸟的孵化期大约为一个月。鹫类雏鸟的孵化差不多需要两倍的时间。

雏鸟的喙上有一颗卵齿来帮助它破壳……

雏鸟通常在母鸟鼓励的叫声中破壳而出。

在长出飞羽之前，猛禽雏鸟的全身覆盖着柔软蓬松的绒毛。

父母源源不断地投喂食物，雏鸟们长得飞快。

哇！它们小的时候真是可爱！

红尾鵟幼鸟的第一个发育阶段是出生后的头7天。

14—21天是一个阶段。

36—44天又是另一个阶段。

猛禽双亲会使用一块"案板"，即一块扁平的岩石或者一根大树枝，将猎物撕成碎块。

为了第一个得到食物，幼鸟们争夺不休。

有些大型雕类只养育两只幼鸟，通常一只幼雕的体形更大，更容易霸占巢……

能获得更多的食物，身体就会长得更快，这进一步拉开了手足之间的差距。

这看起来似乎很残酷，但猛禽离巢后第一年的死亡率为60%—80%。

最终，体形较小的幼雕将被活活饿死，或被其强壮的兄弟姐妹杀死。

只有得到父母充分的关注，这些幼鸟才有机会活到成年。

猛禽幼鸟离开巢之前,必须学会独立飞行和捕猎。

在完全掌握飞行技能之前,它们通常会从一根树枝跳到另一根树枝上。

有时候成年猛禽会持续不断地将食物带给它们的幼鸟。

隼会抓来活的猎物,然后将其释放,以此来训练幼鸟的猎杀技能。

猛禽双亲在幼鸟可以独立生存之前,会竭尽全力确保这些后代能够活下来。

健康的猛禽比大多数体形相当的动物寿命更长。

在巢外能够安然度过一整年，说明猛禽活到成年的机会提高了。

外面的世界充满了危险。

要么腿断了，要么羽毛撕裂了……

要么没了眼睛，要么喙受损……

这些都会让猛禽无法有效地捕猎，只能眼睁睁地饿死……

如今它们还要苦苦应对人类日益增长的干扰和破坏造成的威胁。

栖息地的丧失以及人类永无止境的侵占，给所有的野生动物造成了不可估量的负面影响。

不管人类扩张到哪片野生环境，受威胁最大的一般都是捕食性动物。

所有野生环境中的捕食性动物都比猎物少，所以它们的种群更加脆弱。

和其他大的食肉动物一样，猛禽也是受害者，它们或遭到猎杀，或落入陷阱……

快速起效

老鼠药

或意外中毒……

或在公路上被汽车撞死。

人类认为必须消灭其土地上的猛禽的一个主要原因是为了保护家禽和家畜。

家禽养殖者对猛禽尤为反感。

瓜达卢佩的凤头卡拉鹰就是被岛上的牧羊人有计划、有步骤地消灭的。

牧羊人们觉得这些鹰威胁着小羊的生命，常常趁它们在水坑喝水的时候将它们射杀或者毒死。

到了1900年，瓜达卢佩的凤头卡拉鹰就这样灭绝了。

已灭绝

随着越来越多的猛禽不断地从它们的栖息地消失，游隼、鹰和鹗也都成了DDT的受害者。

自然学家和美国环保局共同开展研究，然后意识到了这个问题。

1972年，DDT在美国被禁用，到了1980年，猛禽的数量才有所回升。

1995年，白头海雕从濒危物种名单中被移除。

目前，白头海雕的分布范围从阿拉斯加州延伸到佛罗里达州。

作为环保工作的一部分，猛禽救助中心在世界各地陆续成立。

如果发现一只猛禽受伤了……

与高速行驶的汽车相撞是最常见的原因。

可以将这只受伤的猛禽带到康复中心治疗。

如果痊愈了，这只猛禽将被送回野外。

猛禽专家、兽医和志愿者们都为猛禽救护中心的运营做出了贡献。

他们给鸟喂食、清洁鸟舍……为这些鸟提供所需要的一切，以便它们有一个健康的居住环境。

如果猛禽受到永久性伤害，无法在野外存活，那么它们将在救助中心或者去其他地方度过余生。

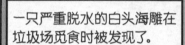

一只严重脱水的白头海雕在垃圾场觅食时被发现了。

它的喙被猎枪击中后断掉了。

一个了不起的团队打印了一个新的3D人工喙，并用牙胶把它接上去。

有了新的喙，它可以在没有人帮忙的情况下正常进食和饮水。

工作人员给这只华丽的鸟取了一个十分贴切的名字——丽儿。

令人遗憾的是，它再也无法返回野外了。

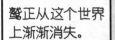
鹫正从这个世界上渐渐消失。

偷猎以及农业活动产生的有毒物质导致鹫的数量急剧下降。

这造成了极其糟糕的结果,因为……

腐烂的动物尸体上携带着致命的病毒和细菌。

因此,清除动物尸体对防止疾病的传播至关重要。

鹫可以无偿提供这项服务。

它们可以帮助人类维持水源的清洁。

在一些地区,鹫的数量下降对人类的患病率有直接影响。

北美洲和南美洲的鹫的数量尤为稀少。

在上一个冰河时期,鹫遍布整个北美洲,它们以猛犸象等巨型哺乳动物的尸体为食。

地球变暖后,巨型动物灭绝,鹫的分布范围就缩小了。

只有在安第斯山脉这样的地方,鹫才能生存下去。

另外,加州海岸上搁浅的鲸给当地的鹫带来了一些生机。

对于鹫数量的不断减少,人类的补救措施并没有多大效果。

嘭！

误食有毒的铅弹，以及栖息地的丧失……

导致加州神鹫的数量减少到22只。

1987年，美国鱼类和野生动物管理局发布了《加州神鹫恢复计划》，然后小心翼翼地将剩余的加州神鹫圈养起来，使它们能够安心地繁殖，以提高后代的数量。

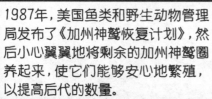

但圈养会对野生动物的自然行为造成负面影响。

因为行为非常相似，野生的康多兀鹫被引入进来，通过印记的方式帮助圈养的加州神鹫学习各种行为。

为了防止这些鹫类的雏鸟学习人类看护者的行为，工作人员会使用手偶来喂养它们。

一旦加州神鹫的数量大大增加，并培养出在野外生存的能力，它们就会被放回到原生的栖息地。

1996年，加州神鹫被重新引入到美国亚利桑那州的红崖，那里的加州神鹫已经灭绝几十年了。

世界各地雨林的消失也威胁着猛禽的生存。

在过去的40年里，亚马孙河流域18%以上的雨林消失了。

它们的总面积和美国加利福尼亚州相当。

为了获得农业用地，人类会故意放火焚烧雨林。

因偷猎或栖息地消失而死亡的雕的数量，很难通过缓慢的繁殖速度得到弥补。

为了拯救这些丛林猛禽，人们在自然保护方面做出了巨大的努力。

他们不仅把鸟巢放置在森林中最高的树顶上，还安装了摄像头来观察这些漂亮的鸟。

他们还给这些猛禽做标记、称重和测量大小。

猛禽在逐渐长大就表示它很健康。

工作人员要采取特别的防护措施以免被它的爪抓伤。

角雕的爪可以穿透防护手套。

如果这些鸟类和它们栖息的美妙环境消失了，那将是我们难以想象的悲剧。

猛禽的适应能力极强。

既然我们和猛禽共享这个地球，就必须做出更多的努力，让这些美丽的鸟儿能够永远繁衍下去。

但如果我们继续以目前的速度破坏它们的栖息地，那么即使是适应能力最强的鸟类也无法生存下去。

猛禽和人类早期祖先之间的关系可能不是很和谐。

化石记录表明，非洲的一种巨雕很可能捕食过南方古猿等早期原始人。

公元前2000年左右，中东地区出现了捕捉隼、鹰和雕，然后训练它们捕猎的活动。

但是，有一些专家认为这项活动起源于古代的东亚地区。

在中世纪的欧洲，鹰猎被认为是"国王的艺术爱好"，平民是禁止接触的。

砍掉他的手！

拥有与你的身份地位不匹配的鸟将受到严厉惩罚。

随着鹰猎活动在欧洲的盛行，它在各类人群中都变得时兴起来。

但是，最穷苦的阶层仍被排除在外，因为养一只猎鹰的成本太高了！

当步枪成为唾手可得的东西时，鹰猎就不再流行了。

嘭！

扣动扳机！

每种猛禽的性情都略有差异，它们会追逐自己喜欢的猎物。

用于鹰猎的猛禽并不那么温驯。它们是野生动物，和主人存在着互惠互利的关系。

隼被圈养一段时间后是可以放归野外的。

猛禽不耐烦地反复拍打着翅膀，并从栖木上跳下来，这一行为叫作拍翅。

摩根一定是饿了。

砰!

好吧，我要给它戴上面罩，让它平静下来。

一词汇表一

DDT
一种有机氯杀虫剂，内含多种化合物。它们不易被降解，可以持续地存在于环境中，会对食物链顶端的动物造成直接伤害。

半对趾型足
鸟类的一种足型。似常态足，但第四趾可后转成对趾足。对趾足是第二和第三趾朝前，第一和第四趾朝后。

变温动物
不能依靠自身代谢产热维持恒定的体温，体温随环境温度的变化而变化的动物。

伯努利定律
气流或者水流的速度和压力成反比。

顶级捕食者
处于食物网顶端的动物，通常不会被其他动物捕食。

俯冲
猛禽向下冲或者向下扑的动作。

恒温动物
具有完善的体温调节机制，在温度变化的环境中，体温维持在较窄范围内变化的动物。

换羽
鸟类羽毛定期更换的过程。通常一年有两次换羽。

肌腱
一种柔韧但缺乏弹性的纤维束或纤维膜，能将肌肉附着在骨骼上。

脚绊
一种很薄的绑带，一般由皮革制成，分别绑在用来鹰猎的猛禽的两条腿上，用于限制它们的活动。

角蛋白
皮肤角质细胞内的一种纤维硬蛋白，不易被划破或撕裂，常常用作动物身上的保护层。

蜡膜

有些鸟类上喙基部膜状的覆盖物。

两性异形

同类动物不同性别之间明显的体形差异或外观差异。

毛囊

包绕毛根的鞘状组织，分为内层的上皮根鞘和外层的结缔组织鞘。

牛顿第三定律

两个物体之间的作用力与反作用力总是大小相等，方向相反，作用在同一直线上。

拍翅

用于鹰猎的猛禽被拴住时，试图从栖木上或拳头上离开的一系列动作。

迁徙

动物根据季节或环境的变化，从一个地区迁移到另一个地区的活动。

趋同进化

不同物种（亲缘关系较远）由于生活在极为相似的环境条件下，经选择作用而出现相似性状的现象。

视细胞

视网膜中具有感受光线和颜色功能的细胞。

瞬膜

上、下眼睑内侧的透明皮褶，由内向外覆盖角膜，有保护眼球和湿润角膜的作用。人类瞬膜已退化。

苔原
极地或高山永久冻土分布区，主要由地衣、苔藓、多年生草本和小灌木等组成的无林低矮植被带。

胸肌
位于胸部协助肩和上臂运动的肌肉，包括胸大肌或胸小肌。

印记
发生在鸟类和其他群居动物生命早期的学习过程。印记用于行为模式的建立，例如识别同类动物或替代的看护者。

羽片
鸟类正羽羽轴两侧的部分，由许多细长的羽支构成。

昼行性
指某些动物白天活动夜间休息的生活习性。